Jürgen Dollmann

Semiotische Analyse von Baustrukturen der Wimpfener Königspfalz

Jürgen Dollmann

Semiotische Analyse von Baustrukturen der Wimpfener Königspfalz

Eine Kontextualisierung von Historie, mittelalterlicher Theologie, Philosophie und Baukunst

Lehrbuchverlag

Imprint
Any brand names and product names mentioned in this book are subject to trademark, brand or patent protection and are trademarks or registered trademarks of their respective holders. The use of brand names, product names, common names, trade names, product descriptions etc. even without a particular marking in this work is in no way to be construed to mean that such names may be regarded as unrestricted in respect of trademark and brand protection legislation and could thus be used by anyone.

Cover image: Vom Autor bereitgestellt

Publisher:
Der Lehrbuchverlag
is a trademark of
Dodo Books Indian Ocean Ltd. and OmniScriptum S.R.L publishing group

120 High Road, East Finchley, London, N2 9ED, United Kingdom
Str. Armeneasca 28/1, office 1, Chisinau MD-2012, Republic of Moldova, Europe
Printed at: see last page
ISBN: 978-620-0-44882-8

Inhaltsverzeichnis

1. Einleitung und These

Viele Menschen im Hochmittelalter neigten zu einer symbolisch-allegorischen Interpretation ihrer sinnlich wahrnehmbaren Umwelt, wie in diesem Buch aus verschiedenen Quellen und Perspektiven begründet werden kann. Dieses Weltbild stand in starkem Bezug zum Christentum, welches das Mittelalter prägte: Hinter der Oberfläche der sichtbaren Welt wurde das Wirken Gottes angenommen, welches sich den Menschen nicht unmittelbar erschließen könne. Die Möglichkeiten jedoch, jenseits der empirischen Welt Wahrheiten zu erkennen, wurden schon in der Spätantike, aber v. a. im Hochmittelalter von Theologen und Philosophen der Scholastik analysiert, wobei neben den biblischen Texten auch Bezug genommen wurde auf Schriften antiker Philosophen, v.a. Platon und Aristoteles. Aus der Zusammenführung dieser Quellen wurde u. a. der Schluss gezogen, dass Gott den Menschen *Zeichen* zur Gewinnung überempirischer Erkenntnisse anbiete. Dies geschehe in Symbolen oder Allegorien,[1] also sowohl in Worten oder Bildern als auch in Geschehnissen, die es zu interpretieren gelte.

Die Annahme einer tieferen Wahrheit hinter der Oberfläche der sinnlichen Welt hatte sichtbare Auswirkungen auf mittelalterliche Kunstwerke, welche somit ebenfalls symbolisch-allegorische Elemente aufwiesen und sicher nicht nur unter einem Aspekt der Ästhetik[2] zu sehen sind. Sowohl Bilder als auch die Baukunst von Kirchen oder Königs- und Kaiserpalästen können

[1] Zur Begrifflichkeit von Symbol und Allegorie siehe Abschnitt 3.2

[2] Der Begriff „Ästhetik" wird im Gegensatz zu der Verwendung beispielsweise bei Georg Wilhelm Friedrich Hegel nicht auf die idealistische Reduktion von Schönheit und Kunst bezogen, sondern im Sinne des griechischen Begriffs *aisthesis* als Wahrnehmung und Empfindung verstanden (Cancic und Mohr 1988, 131).

somit auch unter dieser Perspektive analysiert werden. In der Kunstgeschichte ist dies im Rahmen der Ikonographie eine wissenschaftlich anerkannte Methode,[3] die mittelalterliche Architektur wird erst seit wenigen Jahren unter diesen Aspekten analysiert.[4] Da im Hochmittelalter der vorherrschende politische Konflikt im Dualismus Kaisertum – Papsttum bestand, und damit in der Frage, ob das Primat der weltlichen oder der geistlichen Macht zustand, wird die symbolisch-allegorische Analyse mittelalterlicher Bauwerke auch unter diesem Konflikt zu untersuchen sein. In Bezug auf die Königspfalz in Wimpfen[5] liegen bislang keine Arbeiten zu diesen Aspekten vor, diese Lücke soll mit der vorliegenden Analyse gefüllt werden.

Methodologisch stehen neben der historischen Kontextualisierung und der Theologie bzw. Philosophie der Scholastik allgemeine kunst- und bauhistorische Aspekte, weiterhin die Semiotik Ferdinand de Saussures im Zentrum. Die Analysen Umberto Ecos zu mittelalterlicher Kunst und Schönheit gaben wesentliche und hilfreiche Anregungen. Aus den Quellen und über die Methodik lässt sich die Kernthese der vorliegenden Arbeit ableiten: Die auffällige Zahlenrhythmik der Arkadenreihung, die ebenso auffällige Säulenordnung und die Ostung der Wimpfener Königspfalz werden als Bedeutungsträger angesehen. Diese Strukturen verweisen non-verbal auf kontextuelle, soziokulturelle Ereignisse und Vorstellungen in der vom Christentum geprägten Bauzeit, die Erkenntnisgewinn über die reinen historischen Fakten hinaus liefern.

---

[3] Beispielhaft wird hier verwiesen auf Poeschel 2007, passim.

[4] Eine Übersicht findet sich bspw. bei Binding 1998 und Bandmann 1998, beide Autoren werden in der vorliegenden Arbeit mehrfach herangezogen.

[5] Die Stadt erhielt erst 1930 den Zusatz *Bad* Wimpfen, im Text wird der historische Name *Wimpfen* verwendet.

Im Abschnitt 2 und 3 dieser Arbeit wird der theologische, philosophische und ästhetische Kontext dargelegt, in welchem die Wimpfener Pfalz auf Grund der Bauzeit einzuordnen ist. Abschnitt 4 legt die Auswirkung dieses Kontextes auf die mittelalterliche Bauweise im Allgemeinen dar. Im Abschnitt 5 erfolgt eine Einführung in die Semiotik, um dann im Abschnitt 6 die Wimpfener Pfalz unter den genannten Aspekten zu analysieren. Zum Abschluss werden die berechtigten Kritiken zu dieser These reflektiert. Es wird jedoch begründet, warum dennoch die Notwendigkeit einer solche Betrachtung historisch und soziokulturell sinnstiftend und plausibel ist.

2. Der philosophische und theologische Kontext im Mittelalter

Ohne Grundbegriffe der griechischen Philosophie ist die mittelalterliche Theologie nicht zu verstehen. Hier kann nur ein äußerst oberflächlicher Überblick dargelegt werden, zu einem vertieften Verständnis dienen die Literaturangaben.

Im 4. Jahrhundert v. u. Z.[6] setzte *Platon* die vergängliche Welt der Erscheinungen den unveränderlichen *Ideen* gegenüber. Die sinnlich wahrnehmbare Welt ist ein Ort der oft illusionären Erscheinungen, welche die dahinterstehende unveränderliche Wirklichkeit verbirgt (Papineau 2006, 77 f.). Die Ideen haben gemäß Platon eine eigenständige Existenz. Da die Erscheinungswelt jedoch ein Abbild der Welt der Ideen ist, kann die Ideenwelt aus der Bildung von Analogien erkannt werden. (Aster 1968, 64-68). Wenige Jahre später entwickelte *Aristoteles* seine Philosophie, die insofern diesseitiger war, als sie sich nicht mit der Idee, sondern mit dem Begriff der Substanz auseinandersetzte: Zur Materie (hyle) muss die Form (morphe) kommen, die letztlich das individuell Reale erschafft, die Materie wird somit *informiert*. Beispielsweise wird die Materie *Ton* durch die Form zum *Ziegel,* die Materie *Ziegel* formiert sich zur *Mauer*, diese Form wird wiederum zum *Haus*. Dieses *Stoff-Form Prinzip* (erst später als *Hylemorphismus* bezeichnet) lässt sich dann logisch zurückverfolgen auf eine abstrakte erste, reine Form, einen selbst unbewegten, „ersten Beweger" (Aster 1968, 87). Ein weiteres wichtiges Element der aristotelischen

[6] Jahreszahlen *v. Chr. – vor Christus* – werden in dieser Arbeit religionswissenschaftlich neutral mit *v. u. Z. – vor unserer Zeitrechnung* – angegeben. Jahreszahlen ohne weitere Angabe entsprechen *n. Chr. – u. Z. – unserer Zeitrechnung.*

Philosophie ist die Unterscheidung von der *Existenz* der Dinge einerseits, also ihrem *Sein*, und andererseits ihrer *Essenz*, ihrem *Wesen*. Die Philosophien von Platon und Aristoteles wurden im Christentum theologisch aufgegriffen und transformiert:

Eine entscheidende Persönlichkeit der Patristik war Augustinus (354-430), der sich auf das philosophische Denkgebäude Platons bezog (Aster 1968, 129). Seine Rezeption Platons, eine Form des Neuplatonismus, hat dem „philosophischen Denken des christlichen Weltalters zuerst Sprache geliehen" (Gadamer 1965, 272). Die hinter der Welt der Erscheinung liegende absolute Wahrheit ist für Augustinus „das Sein Gottes" (Aster 1968, 129 f.) Analog kann hinter dem individuellen menschlichen Leben neuplatonisch eine Seele im christlichen Sinn gesehen werden.

Erst im frühen Mittelalter wurden auch die Werke Aristoteles′ über den Kontakt zum Islam im Westen[7] wiederentdeckt, beispielsweise in der Zeit der maurischen Einwanderung auf die iberische Halbinsel, später in der Zeit der Kreuzzüge. Dabei spielen muslimische Philosophen wie Avicenna (980-1037) und Averroes (1126-1198) eine entscheidende Rolle, welche die Texte Aristoteles′ dem Abendland vermittelten (Franzen 2006, 212 f.). Die christlichen Philosophen und Theologen des Westens waren von der Klarheit dieses Denkens beeindruckt und waren bestrebt, die aristotelische Philosophie mit der christlichen Lehre zu verbinden. Anselm von Canterbury (1033-1109) gilt als Begründer dieser – *Scholastik* genannten – Denkschule (Franzen 2006, 211). Die Scholastik lieferte der christlichen

[7] Der „Westen" soll hier nicht-normativ und historisch zunächst auf den europäischen Kontinent – seit dem 15. Jahrhundert auch auf Nordamerika – bezogen werden, im Mittelalter wurde er dem *Osten*, dem *Orient*, entgegengestellt. Auf die Probleme des Orientalismus und Postkolonialer Theorien kann hier nicht weiter eingegangen werden.

Kirche ihre offizielle Philosophie durch Thomas von Aquin (1225-1274), die bis zum heutigen Tag in der Katholischen Kirche kanonische Gültigkeit besitzt (Gadamer1965, 272). Gemäß Thomas von Aquin ist die bei Aristoteles entwickelte „erste Form" *Gott*, der „erste Beweger" (Aster 1968, 160). Auch die aristotelische Unterscheidung von *Existenz* und *Essenz* beeinflusste das christliche Denken des Hochmittelalters entscheidend. Dies ist unter anderem daran zu veranschaulichen, als im 4. Laterankonzil 1215 unter der Scholastik die sogenannte *Transsubstantiation* beschlossen wurde, d. h. die Wandlung der Hostie in der Eucharistie: Auf Grund der Vollmacht des Priesters wird die Hostie nicht von der *Existenz*, jedoch von der *Essenz,* vom *Wesen* zum Leib Christi. (Franzen 2006, 211). Thomas von Aquin entwickelte schließlich in seinem Werk *Summa theologiae* eine Gesamtdarstellung des Katholizismus auf „[...] der philosophisch-theologischen Basis des christlichen Aristotelismus [...]" (Franzen 2006, 213). Durch die Integration griechisch-philosophischen Denkens kam es auch zu einer Neuinterpretation zahlreicher neutestamentlicher Texte:

Umberto Eco verweist auf eine für das Mittelalter charakteristische Passage aus den Paulusbriefen (Eco 1993,79 f.): „Denn wir sehen jetzt mittels eines Spiegels undeutlich, dann aber von Angesicht zu Angesicht." (1 Kor 13, 12).[8] Korrelierend zu den – zwar grundsätzlich unterschiedlichen – Ansätzen von Platons *Ideenlehre* und des aristotelischen *Hylemorphismus* konnte dieses Zitat aus dem ersten Korintherbrief das christliche Denken philosophisch plausibilisieren: Die Welt war für Menschen des Mittelalters voll von bedeutungsvollen Hinweisen Gottes hinter der oberflächlichen, sinnlichen Wahrnehmung, wodurch sich Doppelsinnigkeiten ergaben. Diese

[8] Alle Bibelzitate (außer unten einem Zitat aus der *Weisheit Salomos* als apokrypher Text) wurden aus der Elberfelder Studienbibel mit Sprachschlüssel (2005) zitiert, siehe Literatur.

Denkweise beschreibt Eco als „[…] symbolisch-allegorische Weltbetrachtung.“ (Eco 1993, 79). Das Ziel des gläubigen Menschen im Mittelalter war es, die aus emischer Sicht göttliche Wahrheit hinter den Dingen zu ergründen, indem man mittels Analogien Schlussfolgerungen zog. „Aber das Ding ist nicht das, was es zu sein scheint; es ist Zeichen für etwas anderes“ (Eco 1993, 81). Eine solche Betrachtung der Welt, die voll war von Bedeutungen, Hinweisen und Doppelsinnigkeiten, hatte Auswirkungen auf die ästhetische Wahrnehmung in Bezug auf den Aspekt der *Schönheit*.

3. Zur Ästhetik des Mittelalters

3.1 Schönheit im Mittelalter

Schönheit bezog sich im Mittelalter in Folge der oben erläuterten Hintergründe nicht vorwiegend auf die sinnlich erfassbare Schönheit, der Begriff wurde auf die „innere [n] Schönheit“ (Eco 1993, 23) ausgedehnt. Gemäß Eco misstraute das Mittelalter einer äußeren, sinnlich erfassbaren Schönheit. Zwischen der sinnlich wahrnehmbaren Schönheit und der nicht sinnlich wahrnehmbaren Schönheit bestehen jedoch Analogien, die wie oben schon erläutert von den Gläubigen erkannt werden sollen. Dazu ist ein weiterer philosophischer Aspekt bedeutsam: Die Scholastik definierte die allgemeinen Eigenschaften alles Seienden, die sogenannten *Transzendentalien,*[9] zu denen u. a. das Gute und das Wahre gehörten: Die von Gott geschaffene Welt ist *wahr* und musste auch *gut* sein (Eco 1993, 37 f.). Es gab nun ausführliche Diskussionen darüber, ob das *Schöne* auch zu den Transzendentalien gezählt werden müsse. In den *Summa fratris Alexandri*[10] wird das Schöne dem Wahren gleichgesetzt: Wahres, Gutes und Schönes sind konvertierbar und unterscheiden sich nur für das Denken. Wahrheit ist die Beschaffenheit der Form in Hinsicht auf das Innere des Dinges, Schönheit ist die Beschaffenheit der Form in Hinsicht auf das Äußere (Eco 1993, 42-48). Dies wird auch von Albertus Magnus interpretiert: Das Gute ist dem Schönen inhärent, weil das Schöne dasselbe Substrat hat wie das Gute. Erkennt das Auge also ein Ding als *schön*, muss

[9] Es kann und muss in diesem Text die Komplexität der Transzendentalien-Lehre der Scholastik nicht erläutert werden. Es darf auf Diemer (1970) Seite 235 und Eco (1993) Seite 34-48 verwiesen werden.

[10] Der Text wurde Alexander von Hales (1185-1245) zugeschrieben, es handelt sich jedoch um das Werk dreier französischer Autoren, in welchem das Problem der Transzendentalität des Schönen in seiner Besonderheit geklärt wurde (Eco 1993, 42).

der Intellekt das dahinterstehende *Gute* und *Wahre* versuchen zu erkennen. Dies wird sehr klar auch aus einem Zitat jener Zeit von Hugo von St. Victor, einem Mystiker des 12. Jahrhunderts:

> Alle sichtbaren Gegenstände sind uns vor Augen gestellt zur Bezeichnung und Erklärung der unsichtbaren Dinge, und sie belehren uns durch das Auge in symbolischer, das heißt, in bildlicher Weise...Weil in der Form der sichtbaren Dinge ihre Schönheit besteht...ist die Schönheit der sichtbaren Dinge ein Bild für die Schönheit der unsichtbaren. (Zitiert nach Eco 1993, 91-92, Punktierung von Eco).[11]

Wir haben aus heutiger Perspektive betrachtet gewisse Schwierigkeiten, uns in dieses symbolische Denken hineinzuversetzen, es folgen einige allgemeine Aspekte zum Begriff des *Symbols.*

3.2 Allgemeine Aspekte der mittelalterlichen Symbolik

Die Begriffe *Symbol* und *Allegorie* wurden im Mittelalter synonym verwendet, ihre Unterscheidung begann erst ab dem 18. Jahrhundert, wohl zurückgehend auf Goethes Aphorismen (Eco 1993, 85).[12] Aus diesem Grund formuliert Eco das *symbolisch-allegorische Universum* des mittelalterlichen Menschen. Gemäß dem Theologen und Kunsthistoriker Gerd Heinz-Mohr wird in der „Unsicherheit und dem Unbehagen des heutigen Menschen

[11] Hier wurde nicht die Originalquelle in Latein herangezogen, sondern die Übersetzung Umberto Ecos.

[12] Gemäß dieser Aphorismen wird in der Allegorie der *Begriff einer* ***Erscheinung*** in ein Bild umgesetzt, beim Symbol handelt es sich um den *Begriff einer* ***Idee***, die sich im Bild zeigt (Eco 1993, 85).

westlich-zivilisatorischer Prägung gegenüber dem Symbol“ (Heinz-Mohr 1971, 7) eine bestimmte Dimensionsverminderung sichtbar:

> Er [Anm.: der Mensch] verfügt über eine Fülle von Spezialkenntnissen, die er als Bruchstücke in der Hand hält und aus gegebenem Anlass unabhängig voneinander verwirklicht, doch kaum mehr über das „einigende Band“, das sie zusammenfügt und sinnvoll ordnet [...] (Heinz-Mohr 1971, 7, Anführungszeichen vom Autor).

Heinz-Mohr verweist auf die Etymologie des Begriffes *Symbol*: es kann auf das griechische *συμβάλλειν* (*symbállein)* zurückgeführt werden, das mit *zusammenbringen*, „[...] zusammenfügen, an einen sinnvollen Ort [...]“ (Heinz-Mohr 1971, 9) übersetzt werden kann.[13] In dieser Verwendung müsse das Symbol als etwas Nichtstatisches aufgefasst werden, da es eine aktive Teilnahme zur Erfassung erfordere. Dies deckt sich mit der Interpretation Ecos zu dem Begriff Symbol, der von einer „Inkongruität des Symbols in Bezug auf die symbolisierte Sache“ (Eco 1993, 83 f.) ausgeht. Es gäbe somit keine Identität zwischen *Symbol* und *Sache*, sondern eine Proportionsbeziehung, welche im Rahmen einer Interpretationsbemühung zum ästhetischen Genuss führe. Eco verweist auf ein Argument, das gerade im Ansatz der vorliegenden Arbeit von Bedeutung ist: Der heutige Mensch mag diese Denkweise eventuell nicht teilen,[14] wir müssen jedoch in unserer Interpretation mittelalterlicher Artefakte berücksichtigen, dass in jener Zeit – eben dem *symbolischen Universum* – alles seinen eigenen Platz hatte, alles

[13] Kritisch muss angeführt werden, dass aus etymologischen Aspekten eine rezente Bedeutungszuschreibung eines Begriffes nicht erfolgen kann. Ein poststrukturalistischer Ansatz würde dies verbieten.

[14] Diese Argumentation muss jedoch auch auf die Entstehung der italienischen Fassung des zitierten Werkes von Eco im Jahr 1987 bezogen werden. In den letzten ca. 40 Jahren lässt sich religionswissenschaftlich weltweit eine verstärkte Zuwendung zu einer individualisierten, holistischen Spiritualität verzeichnen (Dollmann 2021, 51-65).

einander entsprach, und nach entsprechender harmonischer Verbindung sichtbarer und nicht sichtbarer Wahrheiten gesucht wurde. Der philosophisch-theologische Hintergrund wurde oben erörtert.

3.3 Zur Zahlensymbolik des Mittelalters

Die Bedeutung der Zahlen geht schon auf Pythagoras und seine Schule zurück: Die Pythagoräer untersuchten als erste die mathematischen Beziehungen, welche die musikalischen Töne ordnen, wobei physikalische Proportionsbeziehungen eine zentrale spielen (Eco 1993, 51 f.). Biblisch wird ein Salomo zugeschriebenes Zitat aus den Apokryphen bestimmend für die mittelalterliche Ästhetik (Eco 1993, 34), die von Gottes Schöpfung aussagt: „Aber du hast alles nach Maß Zahl und Gewicht geordnet" (Weisheiten 11,21).[15] Diese Begriffsreihe von Maß, Zahl und Gewicht der Weisheitslehre Israels, entstanden zwischen 80 und 30 v. u. Z. findet sich auch in griechischen Schriften schon bei Platon und später bei Philo von Alexandrien (Binding 1998, 419). Auch Augustinus kommentiert zur *Weisheit Salomos*, dass Maß und Zahl eine göttliche Ordnung widerspiegeln (Binding 1998, 190; Eco 1993, 34). Für Augustinus sind Maß, Zahl und Ordnung in vollkommenster Weise in Gott selbst zu finden (Binding 1998, 191). Dies lässt sich dadurch illustrieren, als der Schöpfergott oft mit Zirkel dargestellt wird, wie beispielsweise in der Österreichischen Nationalbibliothek zu sehen ist: *Gott, Architekt des Universums.*[16]

[15] Dieses Zitat, das als apokryphe Schrift nicht in der Elberfelder Studienbibel enthalten ist, wurde aus einer Lutherbibel entnommen. Siehe Literatur: Die Bibel: Nach der Übersetzung Martin Luthers.
[16] Siehe URL: https://digital.onb.ac.at/rep/osd/?11345682 (aufgerufen am 24.05.2024).

Gemäß dem spätantiken Philosophen und Theologen Boethius (ca. 480-525) sei die *Zahl* das Grundprinzip aller Dinge, die Gesetze der Proportion durchdringen den gesamten Kosmos, der *Mikrokosmos* Mensch entspreche dem *Makrokosmos* in einem zugleich mathematischen wie ästhetischen Modell. Boethius nimmt damit entscheidend Einfluss auf das mittelalterliche Denken. Auch hier wird wieder die griechische Philosophie und Naturbetrachtung in ihrer Klarheit mit biblischen Aussagen in Übereinstimmung gebracht: Auf der einen Seite der griechische Vorsokratiker und Mathematiker Phythagoras, auf der anderen Seite die Weisheit Salomos mit Maß und Zahl als Ordnung schaffendes göttliches Prinzip. Die ganzen Zahlen spielen somit schon in der Antike, aber v.a. in der mittelalterlichen Allegorik eine große Rolle. An zwei Beispielen soll dies konkretisiert werden:

Schon für die Phythagoräer ist der Kosmos und alle Dinge durch die Zahl *Drei* bestimmt: Anfang, Mitte und Ende (Heinz-Mohr 1971, 309). Im Alten Testament wird die Heiligkeit der Drei auf die Begegnung Abrahams mit Gott zurückgeführt, der diesem als eine Dreiheit erschien: „Und der Herr erschien ihm […] Und er [Abraham] erhob seine Augen und sah: und siehe, drei Männer standen vor ihm“ (1 Mo 18, 1,2). Die Zahl Drei steht in der christlichen Tradition für die Dreieinigkeit Gottes (Beigbeder 1998, 458; Heinz-Mohr 1971, 308 f.). Der Bezug stammt aus der Taufformel im Matthäus Evangelium: „[…] und tauft sie auf den Namen des Vaters und des Sohnes und des Heiligen Geistes“ (Mt 28,19). Drei Tage war Jona im Fisch (Jona 2,1), die Auferstehung Christi wird am dritten Tag angegeben (1 Kor 15,4). Die Drei wird somit im christlichen Glauben zur Zahl der Vollkommenheit und Vollendung (Heinz-Mohr 1971, 308).

Die Zahl *Vier* bildet sich dagegen schon in der Antike irdisch, also als Weltzahl heraus: Laut dem griechischen Naturphilosophen Empedokles besteht die Welt aus den vier Elementen Feuer, Wasser, Erde und Luft (Aster 1968, 48-50). Im Alten Testament wird der Garten Eden von vier Paradiesströmen gespeist (1 Mo 2,10) und es gibt vier Weltränder (Ez 7,2). Im Christentum wird das übernommen, wie aus dem Schreiben eines Kartäusermönches hervorgeht, der auf die vier Weltteile, vier Elemente und vier Hauptwinde hinweist (Eco 1993, 58). Die Beziehung der Vier zur Welt lässt sich über das Mittelalter hinaus bis zu Friedrich Schiller weiterverfolgen, der im *Punschlied* dieselbe Beziehung herstellt: „Vier Elemente/ Innig gesellt/ Bilden das Leben/ Bauen die Welt“ (Friedrich Schiller Archiv 2022).[17] Im Abschnitt 6 dieser Arbeit wird kontextbezogen auf weitere Zahlenallegorien eingegangen.

Im Zusammenhang zur Bedeutung der Zahlen muss hier noch ein Aspekt romanischer Bauten erwähnt werden, der zunächst keine symbolisch-allegorischen Bezüge hat, sondern eine pragmatische Grundlage der Bauhütten des Hochmittelalters beschreibt. Albrecht Kottmann hat als Diplom-Ingenieur die Bemessungsmethoden romanischer Baumeister analysiert. Er weist darauf hin, dass die Grundlagen der Bemessungen sich entweder auf das gleichseitige Dreieck oder das Quadrat beziehen, also einfache geometrische Figuren, die sich mittels eines Zirkels mit gegebenem Radius überall rasch zeichnen ließen (Kottmann 1971, 14-17). In einer solchen Figur können dann z.B. durch Dreieckshöhe, oder Verdopplung zum Sechseck, beim Quadrat durch Diagonale oder Verdopplung zum Achteck oder durch weitere einfache geometrische Erweiterungen der Figur viele

[17] Unter *Friedrich Schiller Archiv* findet sich die entsprechende URL in den Literaturangaben.

verschiedene Maße definiert werden, die dann die *maßvolle* Grundlage einer Baukonstruktion waren um zum Beispiel Säulenhöhe, Säulenabstände, Basisdurchmesser etc. zu bestimmen. Kottmann zeigt an rund 60 romanischen Bauwerken, dass die Bemessungsgrundlage entweder die *Triangulatur* oder die *Quadratur* waren. Für den (Weiter-) Bau des Mailänder Doms liegen Dokumente von 1391 vor, welche sich mit der Frage beschäftigen, ob „ad quadratum" oder „ad triangulum" (Kottmann 1971, 14; Binding 1993, 262) weitergebaut werden soll. Kottmann legt auch Berechnungen zur Wimpfener Pfalz vor, welche die These der vorliegenden Arbeit ergänzend stützen und im Abschnitt 6 erläutert werden.

4. Mittelalterliche Baukunst als Bedeutungsträger

Der Kunsthistoriker und Philosoph Günter Bandmann weist darauf hin, dass übergeordnete Bedeutungen im Mittelalter in das Werden eines Bauwerks in einer Weise eingriffen, die uns aktuell erst wieder erschlossen werden müssen (Bandmann 1998, 10-12). Aus den oben vorgestellten philosophischen, theologischen und ästhetischen Grundlagen ergibt sich die Suche nach Bedeutungshinweisen an wichtigen Bauwerken nahezu zwangsläufig. Diese Bedeutungen beziehen sich somit nicht auf die Statik eines Bauwerkes, nicht einmal auf einen künstlerischen Sinn, sondern sie geben…

> […] einen Hinweis auf etwas, das über die materielle und formale Organisation des Kunstwerks hinausgeht, eine Einordnung in einen größeren Sinnzusammenhang, [...] indem man das Kunstwerk als Gleichnis, als Vertretung, als stoffliche Emanation eines Anderen auffasst. (Bandmann 1998, 11).

Dies lässt sich genau mit den oben erläuterten Ideen der Scholastik in Einklang bringen, dass das *Wahre* sich im *Schönen* offenbart. Auch die platonische Philosophie einer hinter der sinnlichen Wahrnehmung stehenden *Idee* drückt sich gemäß Bandmann im mittelalterlichen Bauwerk aus:

> Wegen des instrumentalen Charakters der „bezeichnenden" und „bedeutenden" Formen stellt das Wiedererkennen durch den Betrachter nicht einen naiven Akt, sondern ursprünglich eine hohe Leistung des Intellekts dar, da der übergeordnete Begriff – die Idee – von der Sache im Betrachter vorhanden sein muss um die bildliche Erscheinung

> bestimmen und einordnen zu können. […] Während wir uns an der Steinhaftigkeit des Materials delektieren und uns von der Naivität und Frische der Raumkomposition beeinflussen lassen, war im Mittelalter gerade die Sublimierung des Stoffes, die Einordnung der Glieder in das spekulative Bedeutungsgefüge [...] erregend.“ (Bandmann 1998, 12 f. und 25, Anführungszeichen vom Autor).

Die Auswahl der Formen hängt gemäß Bandmann folglich nicht mit der Gestaltung oder einem Anspruch nach *Schönheit* der Formen zusammen, sondern die *Bedeutung* der Formen steht im Zentrum. Wie bei Eco schon mehrfach erwähnt, stellt auch Bandmann die „symbolisch-hinweisenden“ (Bandmann 1998, 15) Aspekte des mittelalterlichen Bauwerks und einen „Allegorisierungsdrang“ (Bandmann 1998, 25) in das Zentrum. Diese Ansätze wurden jedoch auch kritisch kommentiert: Gemäß dem Kunsthistoriker Günther Binding bleibt seit Bandmann die Frage unbeantwortet „[…] inwieweit die Architekturallogerese die Wahl der Bauformen bestimmt hat [..]“, die Deutung könne auch nachträglich erfolgt sein (Binding 1998, 382 f.). Jedoch hat schon Eco auf die Problematik hingewiesen, dass die symbolisch-allegorische Denkweise dem rationalen Menschen schwer zu vermitteln sei. Auch Bandmann selbst nimmt bezüglich einer solchen Kritik Stellung: Der Sinn für hinweisende – gemäß Eco *symbolisch-allegorische* – Architekturteile sei ab dem 19. Jahrhundert verloren gegangen. Dieser Wandel dürfe aber nicht dazu führen, die Baukunst der Vergangenheit unter einer rezenten Ästhetik zu analysieren (Bandmann 1998, 24). Auch auf die Bedeutung symbolischer Zahlen geht Bandmann ein. So könne die Zahl von Stützelementen symbolische Hinweise liefern, die Möglichkeiten von architektonischen, zahlensymbolischer Bedeutungsträgern zeige sich jedoch noch subtiler:

Die symbolische Zahl kann auch auf die Maße der Bauglieder bezogen werden und an die Stelle der antiken, durch formale Gesetze bestimmten Proportionen treten. Drei oder vier wiederholte Maße [...] genügen, die Identität der Bedeutung zu sichern" (Bandmann1998, 48).

Bevor Baustrukturen der Königspfalz Wimpfen unter diesen Bedeutungsaspekten analysiert werden, soll kursorisch der notwendige semiotische Theorierahmen erläutert werden.

5. Eine Einführung in die Semiotik

Die im Abschnitt 6 folgende symbolisch-allegorische Deutung von Baustrukturen darf in einer wissenschaftlichen Arbeit nicht auf willkürlichen Assoziationen beruhen. Aufbauend auf den empirischen historischen Befunden und dem kontextuellen theologischen und philosophischen Hintergrund, der sich aus der Literatur ergibt, stehen die Bedeutungszuschreibungen auf dem theoretischen Grundgerüst der Semiotik. Hierzu muss ein kurzer Überblick erfolgen. Diese Theorie beschäftigt sich mit Phänomenen, die im allgemeinen Sprachgebrauch als *Zeichen* verstanden werden. Allgemein formuliert untersucht Semiotik alles, was für „etwas anderes" steht (Chandler 2007, S.2). Auf Ferdinand de Saussure zurückgehend unterscheidet man in der sprachlichen Kommunikation den *Signifikanten,* den Klang eines gesprochenen Wortes, vom *Signifikat,* welches die Vorstellung des Gemeinten auf rein mentaler Ebene darstellt. Signifikant und Signifikat werden zusammen als *Zeichen* verstanden (Chandler 2007 14 f.).[18] In der Rezeption Saussures wurde der Signifikant als Sprachklang später auch auf das geschriebene Wort bezogen. Die Zeichen einer solchen Signifikation funktionieren im Rahmen einer gesellschaftlichen Übereinkunft im Sinne eines Codes und werden somit Bedeutungsträger (Chandler 2007, 147). Hört man das Wort *Baum* oder liest man dieses Wort, kommt es in der mentalen Vorstellung zu einem Gebilde aus der Natur mit einer mehr oder weniger einheitlichen Struktur, z. B. dem Bild eines Stammes mit Ästen, vielleicht mit grünen Blättern oder Nadeln,

[18] Ungefähr zeitgleich zu Saussures *dyadischer* Zeichentheorie (Signifikant und Signifikat, wobei zweiteres als rein mentales Konzept verstanden wird) wurde von Charles Sanders Peirce ein *triadisches* Modell entwickelt, indem das gemeinte, evtl. anfassbare Objekt mit eingezogen wurde und somit ein *semiotisches Dreieck* entstand. (Chandler 2007 29-35).

im Rahmen eines ökologischen Diskurses jedoch vielleicht zu dem Bild eines entlaubten oder toten Baumes. Saussure betonte, dass die Beziehung des Signifikanten zum Signifikat keiner generalisierenden Zwangsläufigkeit unterliegt, also arbiträr ist (Chandler 2007, 19). Dies lässt sich allein schon verdeutlichen, wenn man an die unterschiedlichsten schriftlichen oder phonetischen Signifikanten für ein und dieselbe mentale Vorstellung – zum Beispiel des Signifikates *Baum* – in verschiedenen Sprachen denkt. Ein zentraler Punkt bei Saussure ist neben der Arbitrarität der Hinweis, dass sich die *Bedeutung* eines Zeichens – also der Dyade Signifikant und Signifikat – erst aus der Differenz zu anderen Zeichen ergibt. Die Bedeutung *Rot* bei einer Ampel ergibt sich aus der Differenz zu *Grün*. Die Bedeutung des Wortes *Lamm* ergibt sich auf dem Bauernhof in einer bestimmten Situation aus der Differenz z. B. zu *Schaf*, auf einer Speisekarte jedoch vielleicht als Differenz zu einem vegetarischen Gericht. Die strukturalistische Textanalyse Saussures weist darüber hinaus auf die horizontale Struktur der *Syntax* und die vertikale Struktur des *Paradigmas* hin (Chandler 2007, 84-85): Ein grammatikalisch korrekt konstruierter Satz mit Subjekt, Prädikat und Objekt bildet eine horizontal lesbare, syntagmatische Narration. Auf einer vertikalen Ebene können Subjekt, Prädikat oder Objekt durch einen anderen Signifikanten ersetzt werden, was die Narration verändert. Von Saussure schon angedacht wurde seine Zeichentheorie über die Sprache hinaus im *Strukturalismus* später auf Artefakte oder Rituale, letztendlich auf alle kulturellen Phänomene übertragen, die analog zu einer Sprache *gelesen* werden können (Hall 2011, 36). Die Saussureschen Charakteristika der Arbitrarität in der Relation des Signifikanten zum Signifikat werden ebenso beibehalten wie die Bedeutungszuschreibung eines Zeichens durch Differenzbildung zu anderen Zeichen. Als Anschauungsbeispiel für vertikale paradigmatische versus horizontale syntagmatische Analyse und die Bedeutungszuschreibung durch Differenzbildung soll ein Beispiel angeführt werden: Die Bedeutung einer romanischen Kirche für gläubige Menschen kann man analysieren, indem man ihre Architektur differenzierend der einer gotischen Kirche gegenüberstellt: Die kleinen Rundbogenfenster der eher niedrigeren romanischen Kirchen lassen wenig Licht in den Raum, dadurch sind auch die zusätzlichen optischen Eindrücke schwerer wahrnehmbar, man kann von einer gewissen Sinnesdeprivation ausgehen. Vielleicht wird hierdurch eine innere Einkehr erreicht oder zumindest erleichtert. Wenn Gläubige dann im 13. oder 14. Jahrhundert erstmals eine gotische Kathedrale betraten, lösten die hohen gotischen Fenster, die Lichtverhältnisse durch Glasmalerei und die subjektive Wahrnehmung der Proportionen des eigenen Körpers zum hohen gotischen Kirchenraum ganz andere Empfindungen mit konsekutiver Bedeutungszuschreibung aus. Die Gläubigen assoziieren vielleicht das Licht mit Jesus und die Farbenpracht mit einer göttlichen Welt, die Glasmalereien drängen sich als Narrationen auf. Weiterhin empfinden sich die Menschen selbst im hohen Raum als klein im Verhältnis zur göttlichen Macht. Die Gegenüberstellung der hier beispielhaft genannten Strukturen entspricht einer *vertikalen paradigmatischen Korrelation*, welche Bedeutungszuschreibungen durch eine Differenzbetrachtung analysiert: Das romanische bzw. gotische Gebäude wurde je selbst als Signifikant betrachtet und durch den wechselseitigen gedanklichen Austausch konnte eine unterschiedliche Signifikation herausgearbeitet werden, die intersubjektiv nachvollziehbar ist. Die Betrachtung von Monstern an der Außenseite des Westportals einer Kirche mit anschließendem Eintreten in den Kirchenraum und dem Gang Richtung Altar mit einer Kreuzesdarstellung führt für christlich Glaubende evtl. zu einer bedeutsamen *syntagmatischen Narration*, nämlich der Befreiung von allem Übel und der Erlösung durch den Opfertod Jesu', der Differenzaspekt liegt im Gegensatz der Monster vor dem Westeingang zum Symbol des Kreuzes in Richtung Osten innerhalb des Kirchenraumes. Die Führung des Körpers in und durch den Raum kann horizontal syntagmatisch als Narration *gelesen* werden. Der Strukturalismus Saussures wurde im Poststrukturalismus u. a. dadurch erweitert, dass die Historizität kritisch einbezogen wurde: Die jeweiligen Strukturen und deren Zuschreibungen verändern sich kulturell kontingent, auch die einflussnehmenden Machtstrukturen wurden vermehrt ins Zentrum gerückt (Münker und Roesler 2000 21-35). Kontingenz und die oben erwähnte Arbitrarität von *Zeichen* bedeuten jedoch nicht, dass die Bedeutungszuschreibungen beliebig sind, im Gegenteil: sie lassen sich durchaus aus den jeweiligen historischen und soziokulturellen Kontexten und dem genannten semiotischen Differenzaspekt als Code analysieren.

Auf die folgende Analyse von Baustrukturen vorgreifend kann gemäß der semiotischen Theorie – in Bezug beispielsweise auf eine bestimmte Zahl – deren Bedeutung nicht allein aus sich selbst herausgelesen werden, sie ergibt sich erst als Differenzaspekt in der Abgrenzung zu anderen Zahlen im entsprechenden räumlichen Kontext, selbstverständlich ebenso bezogen auf den historisch-soziokulturellen Rahmen. Die Zahlenrhythmik einer Fenster- oder Arkadenreihung kann horizontal in einer syntagmatischen Kette gelesen werden, wodurch evtl. eine Narration entsteht, wie zu zeigen ist.

Ausgehend vom philosophischen, theologischen und ästhetischen Kontext des Hochmittelalters werden im folgenden Kapitel ab 6.3 Bauglieder der Pfalz unter möglichen Bedeutungsaspekten analysiert. Die historische

Kontextualisierung des Auftraggebers zum Bau dieser Pfalz Friedrich I. wird dabei eine zusätzliche Interpretationsquelle sein.

6. Die Pfalz Wimpfen

6.1 Zur Nomenklatur und Bauzeit

Zunächst muss eine Anmerkung zur Terminologie erfolgen: Historisch korrekt sollte man die Pfalzen[19] auf dem Territorium Deutschlands *Königspfalzen* und nicht *Kaiserpfalzen* nennen, da die fränkischen Herrscher des mittelalterlichen Reiches zu allererst Könige gewesen seien, während das Kaisertum eine zusätzliche Würde dargestellt habe, die nicht alle Könige erlangten (Binding 1996, 25). Für die Pfalz Wimpfen, die unter dem Stauferkaiser Friedrich I. Barbarossa erbaut wurde, (Ahrens und Bührlen 1980, 10 f.) hat sich seit dem 19. Jahrhundert – wie für andere Pfalzen auf deutschem Boden – auch der unkorrekte Begriff *Kaiserpfalz* etabliert (Arens 1982, 47, Schlag 1940, Titel). Als Erbauungszeit der Pfalz wurde bisher das Ende des 12. Jahrhunderts angenommen, ein Aufenthalt Kaiser Friederichs I. im Jahr 1182 ist belegt, das gleiche gilt für Heinrich VI. 1190 und 1194 sowie für Friedrich II. 1218 und 1235 (Binding1996, 348-351). Neuere Ausgrabungen unter Hans-Heinz Hartmann lassen die Bauzeit auf 1160-1170 datieren (Haberhauer und Hartmann 2009, 33). Diese Präzisierung wird im Abschnitt 6.3 für die Interpretation der Arkadenstruktur und der Fensterreihung der Pfalz von Bedeutung sein.

[19] Die Bezeichnung *Pfalz* geht auf den *palatium* benannten Sitz der römischen Kaiser auf dem Hügel *palatin* in Rom zurück. Jedoch wird der Begriff *Pfalz* als Aufenthaltsort der fränkischen Könige im Gebrauch willkürlich verwendet. Eine Übersicht hierzu findet sich bei Binding 1996, 21-26, siehe Literaturverzeichnis.

6.2 Der historische Kontext der Bauzeit

Die Bauzeit der Kaiserpfalz liegt zeitlich im Rahmen der fünf Italienfeldzügen Friedrichs I. gegen die oberitalienischen Städte zwischen 1154 und 1176. Nach dem Tod des Papstes Hadrian IV. im Jahr 1159 kam es auf Grund einer Spaltung des Kardinalkollegiums zur Wahl von zwei Päpsten: Papst Victor IV. fühlte sich im Gegensatz zu dem Gegenpapst Alexander III., der den in Süditalien und Sizilien herrschenden Normannen geneigt war, dem Reich und somit Friedrich I. verpflichtet (Görich 2006, 50-59). Auf dem vom Kaiser einberufenen Konzil von Pavia entschied das Reichsepiskopat unter dem Druck des Staufers zur ausschließlichen Anerkennung Victors IV., worauf Alexander III. den Kaiser exkommunizierte. Selbst als Victor IV. 1164 starb, wurde dieses Papstschisma nicht beendet durch die rasche Erhebung Paschalis′ III. durch Barbarossas Kanzler Rainald von Dassel. Erst nach der Niederlage des Kaisers 1176 in der Schlacht bei Legano gegen die lombardischen Städte und dem dadurch erzwungenen Waffenstillstand von Venedig 1177 hob Alexander III. die Exkommunikation auf und der Kaiser erwies ihm vor der Markuskirche den anerkennenden *Stratordienst* der Steigbügelhaltung. Die Bauzeit der Kaiserpfalz war also überschattet von der unklaren Besetzung des Heiligen Stuhls und einer Exkommunikation von Friedrich I. Dieser Konflikt findet ein Analogon in symbolisch-allegorischen Strukturen der Palastanlage, wie aus dem Abschnitt 6.3 hervorgeht.

Im Zusammenhang mit den Konflikten Friedrichs I. mit Rom steht die Beziehung des Kaisers zu der christlichen Äbtissin und Mystikerin Hildegard von Bingen. Dokumentiert ist ein Briefwechsel zwischen den beiden, beginnend schon kurz nach der Kaiserkrönung (Pernoud 1996, 68 f.). Aus dem Briefwechsel geht ein gegenseitiger Respekt hervor, Hildegard nennt ihn eine „anziehende[n] Persönlichkeit" (Pernould 1996, 70). In ihrem letzten Werk *Liber divinorum operum*, welches sie im Jahr 1163 zu schreiben beginnt, erwähnt sie jedoch kritisch „[…] die Unterdrückung des Apostolischen Stuhles unter Friedrich, dem römischen Kaiser, [der] noch nicht zur Ruhe gekommen war." (Heieck 1998, 15). Friedrich I. lädt Hildegard brieflich zu einem Besuch in seiner Pfalz Ingelheim ein. Eine anschließende Begegnung dort ist jedoch historisch nicht gesichert (Pernould 1996, 68 f.). Unabhängig von der fraglichen persönlichen Begegnung ist es jedoch naheliegend, dass der Kaiser in der Zeit seiner Exkommunikation den Ratschlag einer so populären Äbtissin suchte, konnte er doch damit seine Nähe zum christlichen Glauben demonstrieren. Auch diese Beziehung zu Hildegard von Bingen findet ihren Ausdruck in den Arkadenstrukturen, wie zu zeigen ist.

Bevor eine semiotische Analyse der Wimpfener Pfalzstrukturen erfolgt, muss noch das Verhältnis zwischen Urheber oder Auftraggeber eines mittelalterlichen Bauwerks einerseits und dem Bauhüttenwesen und den Steinmetzen andererseits kurz problematisiert werden: In dieser Beziehung sind viele Fragen noch ungeklärt, wie der Kunsthistoriker und Archäologe Wolfgang Metternich betont (Metternich 2008, 129). Binding verweist jedoch darauf, dass weniger der Künstler, sondern der Auftraggeber für die sinnfällige Bedeutungszuschreibung Verantwortung trug, welche dann durch die Hand der Künstler bzw. Handwerker zu realisieren war (Binding 1998, 9). Über die Wahl der Bauleute würde der Auftraggeber des 12. Jahrhunderts „[…] die Richtung seiner Absichten […]" (Bandmann 1998, 46) bekanntgeben. Zunächst gehe es sicher darum, die Bautypen früherer Herrscher zu rezipieren. Die Architektur der Zeit Friedrichs I. bediente sich charakteristischerweise der Formen spätromanischer Kirchenbaukunst, was z. B. in den Rundbogen- und Säulenstrukturen evident wird (Boockmann 1998, 115), Boockmann verweist diesbezüglich auf die Pfalz in Gelnhausen. Die zu rezipierende Form wird jedoch nie total erfasst, das Vorbild wird der Bedeutung entsprechend „[...] in typische Teile aufgelöst, und diese werden in der Kopie neu gruppiert." (Binding 1998, 48).

Die Bergstadt Wimpfen war sicher keine staufische Gründung, der Pfalzbau fällt jedoch in die staufische Zeit (Knoch 1983, 353). Die Forschungen bezüglich Erbauungszeit und der Aufenthalt Friedrichs I. im Jahr 1182 lassen diesen als Bauherrn festlegen (siehe 6.1). Zum Pfalzbau selbst gibt es jedoch keine schriftlichen Überlieferungen bezüglich der Organisation des Baubetriebes. Die folgende Analyse geht von den Überlegungen Bindings aus, dass der Bauherr Friedrich I. über die Bauhütten Einfluss auf die Bedeutungszuschreibungen nahm.

6.3 Semiotische Analyse von Baustrukturen der Wimpfener Königspfalz

6.3.1 Lage und Grundstruktur

Die Abbildung 1 zeigt den Lageplan der Bauteile, welche im Fokus der Arbeit stehen. Sie liegen am Nordrand des sogenannten Eulenberges in Richtung des Neckartales. Die erhaltene Nordfront des ansonsten nicht mehr erhaltenen Palastes ist mit dem roten Pfeil markiert, östlich davon ist die erhaltene Pfalzkapelle zu sehen (die originale Rundbogenapsis ist nicht mehr erhalten).

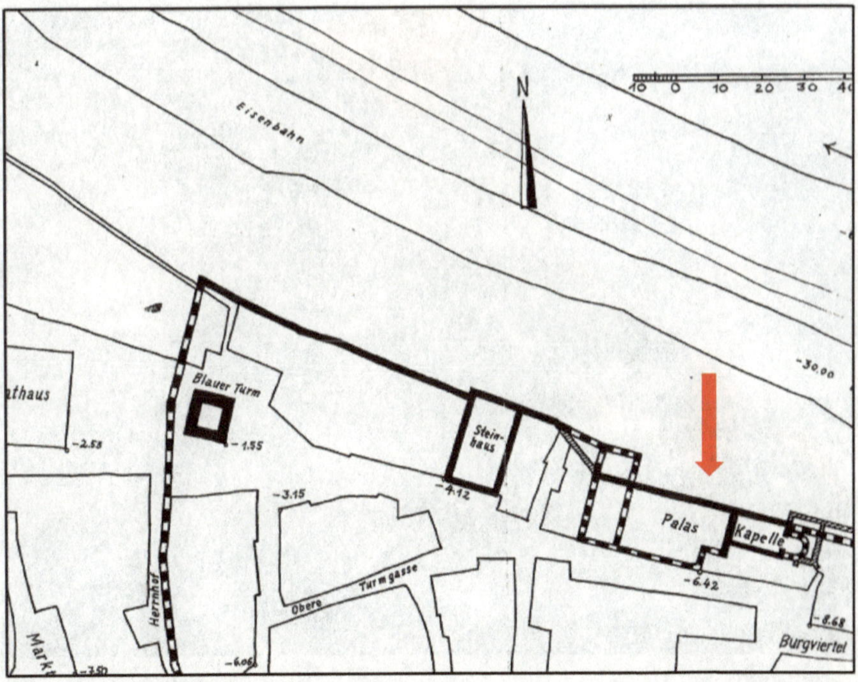

Abb. 1 Lageplan, (Ausschnitt aus: Arens 1967, Tafel 1 im Anhang)
Der rote Pfeil wurde vom Verfasser hinzugefügt.

Der erste Anlass, die Pfalz unter einem symbolisch-allegorischen Aspekt semiotisch zu untersuchen, war eine auffällige Zahlenrhythmik der Arkadenfront und eine ebenso auffällige Säulenkonstruktion, die entsprechend dem historischen religiösen und philosophischen Weltbild erklärungsbedürftig erscheint.

Abb. 2 Arkadenfront der Wimpfener Pfalz, Nordseite, Foto: Verfasser

Links (von Osten) ist in Abbildung 2 zunächst die Nordfront der Pfalzkapelle zu sehen. Es folgt nach rechts (Richtung Westen) die Arkadenfront des Königspalastes mit einer Vierer- und zwei Fünfergruppen von Arkaden, die durch Pfeiler voneinander abgegrenzt sind. Abschließend zeigt sich an der Palastfront ein Doppelfenster mit Mittelsäule. Die Pfeiler lassen sich nicht mit möglichen Zwischenwänden im Palastgebäude erklären, die Arkadenstruktur begrenzt nach außen den großen Saal, in dem das Regierungsamt des Königs bzw. Kaisers mit seinen Dienstmannen, Gesandten und Boten ausgeübt wurde (Haberhauer 2008, 69). In einer Zeit, in der Baustrukturen als Bedeutungsträger fungieren und Maß und Zahl Ordnungselemente der Welt darstellen, hat dieser 4-5-5 Rhythmus der

Arkadenfront einen interpretatorischen Aufforderungscharakter. Da die Fensterreihung der Kapelle auf der gleichen Ebene und Richtung Neckartal in einer Front mit den Arkaden zu sehen sind, soll der semiotische Ansatz von Osten mit der Kapelle beginnen gemäß einer horizontalen Syntax und unter den Saussure'schen Differenzaspekten.

6.3.2 Pfalzkapelle

Hier der Anblick der Kapelle von der Südfront aus[20]:

Abb. 3 Pfalzkapelle (Südfront), Foto: Verfasser

Der einschiffige Kirchenraum – dem Heiligen Nikolaus geweiht – zeigt an der Nord- und Südfront je 3 Rundbogenfester, nach Westen verbreitert sich das Gebäude geringfügig, und anstelle eines Einzelfensters findet sich

[20] Der heutige Zustand resultiert aus einer Wiederherstellung zwischen 1908 und 1911, da die Kapelle im Jahr 1837 zu einem Wohnhaus mit Stall umgebaut wurde. Einzelheiten hierzu: Arens 1967, 57-72.

ebenfalls an der Nord- und Südfront ein Doppelfenster mit einer Mittelsäule. Hinter dem Doppelfenster befand sich die private Empore von Kaiser und Kaiserin, zu dieser Empore hatte das Herrscherpaar einen direkten Zugang vom Palast aus. Ein Teil der Westwand der Kapelle war also zugleich Ostwand des Palastes (Arens 1967, 68), siehe auch Abb. 1. Eine Dreierzahl an einem Kirchengebäude im Hochmittelalter verweist auf die göttliche Vollkommenheit und die Trinität, wie oben dargestellt. Das Doppelfenster stellt der Drei eine Zweierstruktur entgegen. Ab der Zeit der Patristik wurde die Zahl *Zwei* mit der göttlichen und menschlichen Natur Christi verbunden (Sachs, Badstüber und Neumann 1988, 373).[21] Die syntagmatische Reihung einer Dreier- mit einer Zweierstruktur an einer hochmittelalterlichen Kirche kann somit symbolisch-allegorisch als Zeichen gelesen werden, das emisch auf Christus hinweist. Dass dieser Aspekt nicht eine rezente Interpretation darstellt, kann zunächst mit einem überregionalen kunsthistorischen Befund plausibilisiert werden: Im Hochmittelalter wurde Christus oft mit der segnenden Hand dargestellt, wobei je nach Kirchentradition durch Ausstreckung bzw. Krümmung eine Gegenüberstellung zweier Finger zu den drei anderen Fingern der Hand charakteristisch ist, beispielhaft zur Zeit der Normannen in der Kathedrale Monreale (Bauzeit 1174-1185):

[21] Die göttliche *und* menschliche Natur Christi wurde im vierten Konzil von Chalzedon im Jahr 451 als Dogma beschlossen. Dieser Beschluss war prägend für die weitere theologische Entwicklung des Christentums (Franzen 2006, 88 f.).

Abb. 4, Apsis der Kathedrale Monreale, Foto: Verfasser

Aus der römische Antike ist ein *Redensgestus* überliefert, wobei Daumen, Zeige- und Mittelfinger der rechten Hand ausgestreckt und die beiden letzten Fingern gekrümmt wurden. Dies wird als *lateinischer Gestus* bezeichnet (Onasch 1981, 132).[22] Diese Handhaltung wurde im Christentum in unterschiedlichen Modifikationen als *Segensgestus* übernommen. Dem *lateinischen Gestus* steht der *griechische Gestus* gegenüber, der in Byzanz und Russland eine spezielle Entwicklung durchlief (Onasch 1981, 132): Als Segensgestus wurde ein „Litteral"-Kreuz dargestellt (Onasch 1981, 220), wobei durch Überkreuzung von Zeige- und Mittelfinger das griechische χ (Chi) – auf Christus bezogen - symbolisiert wird, ebenso überkreuzt der

[22] Für Hinweise und Literatur zum römischen Redensgestus und zu der unterschiedlichen Rezeption im christlichen Segensgestus danke ich Katharina Flügel, emeritierte Professorin der Sächsischen Akademie der Wissenschaft, Leipzig.

Daumen den Ringfinger, der kleine Finger ist wie der Ringfinger eingekrümmt. Die Darstellung von Monreale scheint dieser Variante zu entsprechen.

Unabhängig von diesen unterschiedlichen griechischen und lateinischen Varianten wird im Segensgestus die Zahl Zwei symbolisch der Drei gegenübergestellt. Die Zwei wird – wie schon oben dargestellt – der göttlichen und menschlichen Natur zugeordnet, die Drei der Trinität (Sachs, Badstübner und Neumann 1988, 373; Onasch 1981, 220). In der Malerei wird diese Symbolik noch Jahrhunderte später im *lateinischen Gestus* zitiert, zum Beispiel beim Jesuskind von Leonardo da Vinci in dessen *Madonna in der Felsengrotte.*[23]

Dieser christliche Segensgestus steht nun auch in einer Beziehung zur Pfalzkapelle in Wimpfen: Die Baumeister einer gotischen Umgestaltung des Chores der Pfalzkapelle Wimpfen haben diesem Aspekt ihren Tribut gezollt, was an einem erhaltenen Schlussstein sichtbar wird, der auch noch in der Kapelle zu sehen ist (heute Kirchenhistorisches Museum):

[23] Siehe URL Louvre, Paris: https://www.pariscityvision.com/en/paris/museums/louvre-museum/madonna-of-the-rocks (aufgerufen am 08.08.2022).

Abb. 5 Segnenden Hand, Pfalzkapelle Wimpfen, Foto: Verfasser

Der Schlussstein ist zwar verwittert, aber man erkennt gut die gestreckten Zeige- und Mittelfinger. Die 3-2 Zahlenrhythmik findet sich in der Pfalzkapelle somit außen in der Fensterfront und im Inneren in eindeutig christlicher Symbolik, hinweisend auf Trinität und göttlich-menschliche Natur Jesu´.

Ergänzend darf noch angemerkt werden, dass der Eingang der Kapelle gemäß Kottmann nach dem Prinzip der Triangulatur berechnet wurde, als Maß also das gleichseitige Dreieck diente (Kottmann 1971, 205), was als Hinweis auf die Trinität gelesen werden kann, wie aus weiteren Daten Kottmanns jedoch weiter unten noch begründet werden kann.

Dass der 3-2 Rhythmus der Fensterreihung den hier interpretierten christlichen Bezug symbolisiert, dürfte für sich betrachtet selbstverständlich als spekulativ kritisiert werden. Gemäß der oben dargelegten semiotischen Theorie kann diese Bedeutung jedoch in der weiteren Syntax der Arkadenreihung gemäß dem semiotische Differenzaspekt plausibilisiert werden.

6.3.3 Palast

Es folgt nach Westen das Palastgebäude als Aufenthalts- und Regierungsort des Königs bzw. des Kaisers, also des Vertreters der weltlichen Macht. Wie oben dargestellt existiert nur noch die Nordfront des Palastes mit der Arkadenstruktur. Betrachtet man die Front dieses imperialen Bauabschnittes (vgl. Abb. 2), sind die Arkaden wie schon erwähnt durch 2 Pfeiler in 3 Gruppen von Bögen gegliedert, es ergibt sich ein 4-5-5 Rhythmus. Die erste 4-er Struktur kann in Abweichung zu den folgenden zwei 5-er Strukturen nicht auf irgendwelche späteren Veränderungen zurückgeführt werden. Wie oben erwähnt, bildet die Ostwand des Palastes zugleich die Westfront der Kapelle, beide Bauabschnitte wurden als Einheit konstruiert. In einer Zeit, in der Maß und Zahl ein Ordnungssystem darstellen, darf auch nicht von einer Zufälligkeit ausgegangen werden. Dieser 4-5-5 Rhythmik der Arkaden muss semiotisch der 3-2 Rhythmus der Kapellenfenster entgegengestellt werden, der Differenzaspekt führt zur Bedeutungszuschreibung: Die Zahl Vier wird, wie oben dargestellt, der irdischen Welt zugeordnet. Zahlenallegorisch ist dies stringent in Bezug auf das kaiserliche Palastgebäude als Ort der weltlichen Machtausübung. Die Literatur zur christlichen Ikonographie weist darauf hin, dass die Gegenüberstellung einer Dreier- und einer Viererstruktur die bewusste Grundlage von Architekturkompositionen sein kann, um auf die symbolische Gegenüberstellung der göttlichen Trinität und der irdischen Welt zu verweisen (Sachs, Badstübner und Neumann 1988, 146). Dazu korrelieren auch die Daten, welche als Grundlage der Maße an den Arkaden die *Quadratur* im Gegensatz zur *Triangulatur* an der Pfalzkapelle nachweisen (Kottmann 1971, 203-205). Kottmann selbst findet diese Tatsache in Wimpfen „erstaunlich […]" (Kottmann 1971, 205), die hier dargestellte Bedeutungsanalyse liefert jedoch für diese Messungen ihre Erklärung. Die Zusammenschau der vorliegenden empirischen Befunde in Übereinstimmung mit der hochmittelalterlichen Denkweise verweist schon auf eine bewusste Entscheidung der Bauherren im Zusammenhang zur Zahlenallegorie. Die sich anschließende doppelte 5 der Arkaden kann aus dem historischen Kontext interpretiert werden, es spiegelt sich der Einfluss Hildegard von Bingens: Umberto Eco betont die Bedeutung der 5 in Bezug auf Hildegard. „Die Mystik der heiligen Hildegard […] beruht auf der Symbolik der Proportion und dem geheimnisvollen Zauber der Fünfheit" (Eco 1993, 77). Die Äbtissin und Mystikerin hat in ihrem letzten Werk *Liber divinorum operum* – wie schon Vitruv und später Leonardo da Vinci – die Proportionen des Menschen als Mikrokosmos zum Makrokosmos in Beziehung gesetzt (Heieck 1998, 91-97; 216). Dabei kommt der Zah*l Fünf* eine entscheidende Bedeutung zu (Heieck 1998, 257, Heinz-Mohr 1971, 310). So wie Hildegard den Erdkreis in fünf Bereiche aufteilt, teilt sie den Menschen senkrecht und waagrecht in je 5 Körperteile: Kopf, Oberkörper, Bauch Oberschenkel und Unterschenkel einerseits, zweimal Unterarm und Oberarm, dazwischen Oberkörper andererseits. Nach Heinz-Mohr wird man damit „Fünferreihungen in romanischen Skulpturen als symbolhaltig und keineswegs als bloß >>dekorativ<< werten müssen" (Heinz-Mohr 1971, 310, Hervorhebung durch den Autor). Hildegard von Bingen schreibt das oben genannte Werk zwischen 1163 und 1170 (Heieck 1998, Klappentext).

Dies entspricht genau der Bauzeit der Wimpfener Pfalz, der enge Bezug Hildegards zu Friedrich I. Barbarossa wurde oben schon dargestellt. Im *Liber divinorum operum* steht im Zentrum die Beziehung des Menschen zur Welt, als Zahlenallegorie also zweimal die *Fünf* für den Menschen in Beziehung zur Weltzahl *Vier*. Die 4-5-5 Zahlenrhythmik am weltlichen Palast in horizontal fortlaufender Folge zu dem christlich konnotierten 3-2-Rhythmus der Kapelle kann unter der semiotischen Theorie über den Differenzaspekt kontextuell in der ausgeführten Weise als symbolisch-allegorische Bedeutung gelesen werden: Die Zahlenallegorik verweist auf die Mikrokosmos-Makrokosmos Beziehung, welche der weltliche Herrscher in Anlehnung an seine christliche Beraterin Hildegard zum Ausdruck brachte.

Hildegard war eine politisch interessierte Frau, wie schon aus der Korrespondenz mit Friedrich I. hervorgeht. Sie suchte – wie andere Mystikerinnen jener Zeit – das individuelle Verhältnis zu Gott und umging damit die ihr verwehrte priesterliche Vermittlerrolle. Sie stellte somit „die hierarchische Ordnung (der Kirche) in Frage.“ (Borst 1983, 416, Klammern vom Autor). Dies macht sie zu einer interessanten Person für Friedrich I. in der politischen Situation des Dualismus Kaisertum – Papsttum, vor allem natürlich in Zusammenhang mit dem Papstschisma und der Exkommunikation durch Alexander III. Der Kaiser selbst ließ keinen Zweifel daran, dass seine Würden nicht von der Krönung durch den Papst abhingen: Als Beispiel dient ein Zitat Friedrichs I.: „Da durch die Wahl der

Fürsten das Königreich und das Kaiserreich das unsere allein von Gott ist […]" (zitiert nach Bookmann1998, 97).[24]

Bei allen Konflikten mit dem Papsttum sollte der Kontakt Friedrichs I. zu Hildegard sicher dazu beitragen, keinen Zweifel an seiner christlichen Verwurzelung im Glauben aufkommen zu lassen. Der Bezug des Staufers zum Christentum zeigt sich auch an der Säulenstruktur der Pfalz als Bedeutungsträger. Auch dies kann paradigmatisch über den Differenzaspekt der Semiotik herausgearbeitet werden, und zwar in der Abgrenzung der ähnlichen Arkadensäulen im Vergleich zu der Pfalz Gelnhausen, die ebenfalls unter Friedrich I. Barbarossa ca. 10 Jahre später, wahrscheinlich zwischen 1170 und 1180 erbaut wurde (Binding 1996, 263):

Abb. 6 Arkadensäulen Wimpfen. Foto: Verfasser

[24] Das Zitat stammt gemäß Bookmann aus Texten der Kanzlei Barbarossas (Bookmann 1998, 96 f.) deren Quelle in dem besagten Abschnitt nicht präzisiert ist.

Abb. 7 Arkadensäulen Gelnhausen. Foto: Verfasser

Es fällt auf, dass in Wimpfen jeweils zwei Randsäulen direkt an jedem Pfeiler angebracht wurde. Dies ist weder statisch noch vom Aspekt einer oberflächlichen Ästhetik notwendig, wie man im Vergleich mit Gelnhausen zeigen kann, hier fehlen die Doppelsäulen an den Pfeilern. Wenn die *Schönheit,* wie oben ausführlich erläutert, sich auf die dahinterstehende Wahrheit beziehen musste und die Ordnung der Welt gottgegeben auf *Maß und Zahl* beruht, dann muss man annehmen, dass die Säulen*zahl* gewollt war, also auch eine allegorische Bedeutung haben muss. Man zählt somit in Wimpfen an der Vierer-Arkadengruppe nicht 3, sondern 5 Säulenpaare, also 10 Säulen, an den beiden Fünfergruppen dagegen 2 x 12 Säulen. Säulen sind nicht nur ein Garant für die Stabilität, sondern werden ähnlich wie ägyptische Obelisken auch in der griechischen und römischen Zeit ohne architektonische Aufgaben errichtet, wie bspw. an der Trajansäule in Rom zu erkennen ist. Säulen symbolisieren die Verbindung zwischen Himmel und Erde, zwischen Gott und Mensch (Heinz-Mohr 1971, 250 f.). Im christlichen Zusammenhang und bezogen auf die Heilige Schrift sind die Zahlen *Zehn* und die *zweimalige Zwölf* sehr eindeutig besetzt, beide Mal stehen sie im Zusammenhang einer Offenbarung Gottes gegenüber dem Menschen: Die Begegnung Moses′ mit Gott auf dem Sinai führte zur Übergabe der Zehn Gebote. Der Bund Gottes mit Abraham führte alttestamentlich zu den 12 Stämmen Israels, welche gemäß christlicher Interpretation auf die 12 Apostel im Neuen Testament verweisen. Gemäß Heinz-Mohr sei die Zahl Zwölf, die in der Bibel in weiteren Kontexten auftritt, „eine der bedeutendsten Zahlen, förmlich ein Leitmotiv der Bibel" (Heinz-Mohr 1971, 312). Der Bezug zu Gott und dem christlichen Glauben hätte somit der Bauherr bei allen politischen Auseinandersetzungen mit dem Papsttum am Bauwerk als Bedeutungshinweis demonstriert.

In Richtung Westen folgt nach der Arkadenreihung wieder ein Doppelfenster mit Mittelsäule (vgl. Abb. 2, das Fenster wurde jedoch optisch deutlich aufwändiger gestaltet als das Doppelfenster der Pfalzkapelle und wirkt vergrößert, obwohl die eigentliche Fensteröffnung die gleiche Höhe hat, wie die danebenliegenden Arkaden. Auch Arens schreibt, dass sich dieses Fenster in seiner architektonischen Durchbildung deutlich von der Umgebung abhebt. (Arens 1967, 48). Hinter diesem Fenster befindet sich ein Gewölberaum, und aus dem Vergleich mit der Pfalz Gelnhausen und der Pfalz in Eger, welche am Palast je ein ähnliches Doppelfenster aufweisen, schließt Arens, dass dieser Raum evtl. einer privaten Hauskapelle entsprach (Arens 1976, 49), der Raum könnte auch zur Aufbewahrung von Reliquien oder Reichskleinodien gedient haben (Arens und Bührlen 1979, 29). Da der Zweck dieses Raumes jedoch spekulativ ist wird hier auf einen Deutungsversuch der Zweierzahl verzichtet.

6.3.4 Aspekt zur Säulengestaltung

Abb. 8 Knotensäule an den Arkaden. Foto: Verfasser

Es darf hier noch ein kleiner Nebenbefund in Bezug auf Symbolik und Allegorik erwähnt werden, welcher sich an den Säulen des Palastes zeigt: Die Säulenschäfte sind sehr unterschiedlich gestaltet, besonders auffällig sind zwei sogenannte *Knotensäulen*, die in der Kunstgeschichte als *Apotropaion*, also als Unheil abwendendes Zeichen, angesehen werden (Sachs, Badstübner und Neumann 1988, 44).

Die Grundlage hierfür waren möglicherweise die sogenannten Bestienpfeiler.[25] Als dämonisch interpretierte Ungeheuer wie Schlangen

[25] Ein anschauliches Beispiel hierfür findet sich in Souillac, URL: https://upload.wikimedia.org/wikipedia/commons/1/13/Souillac%2C_Abbaye_Sainte-Marie-PM_32034.jpg (aufgerufen am 19.08.2022).

oder Drachen wurden an diesen Bestienpfeilern oft ineinander verschlungen dargestellt, je ein Tierrachen erfasste einen anderen Tierkörper, dies wurde als *Bändigung* wahrgenommen. Die Abstraktion dieser Verschlingung – der Knoten – plausibilisiert die apotropäische Interpretation, widergöttliche Mächte sollten gebändigt werden (Sachs, Badstübner und Neumann 1988, 214). Knotensäulen zeigen sich – wie auch in Wimpfen – oft an den Nordseiten als den sonnenabgewandten, dunklen Seiten, die Nordseite wird oft auch den apokalyptischen Ereignissen zugeordnet. (Beigbeder 1998, 301). Eine Knotensäule, die ebenso interpretiert wird, findet sich am Nordportal der Kirche St. Thomae in Merseburg (Sachs, Badstübner und Neumann 1988, 214), deren Bauzeit mit der Wimpfener Pfalz zusammenfällt.

6.3.5 Die geographische *Orientierung* von Kapelle und Palast

Die Pfalzkapelle wurde schon im Jahr 1293 als *Nikolauskapelle* schriftlich dokumentiert. Der historische Zusammenhang liegt in der Vereinigung des Staufergeschlechtes mit den in Süditalien herrschenden Normannen durch die Heirat Heinrichs VI., Sohn von Barbarossa, mit der normannischen Prinzessin Konstanze im Jahr 1186 (Stürner2009, 15). Die Gebeine des Heiligen Nikolaus von Myra werden in der Nikolaus-Basilika in Bari verehrt, er wurde in normannischer und staufischer Zeit als „[…] der bedeutendste Heilige in dem neuerworbenen Unteritalien […]“ (Arens 1967, 17) verehrt.

Spätestens seit dem 5. Jahrhundert werden christliche Kirchen nach Osten ausgerichtet, also Richtung Sonnenaufgang *orientiert* (Beigbeder 1998, 298 f.). Dies wurde einerseits mit dem im Osten liegenden Jerusalem begründet.

Ein liturgisches Argument entspringt dem Johannes-Evangelium, in welchem Jesus als „Licht der Welt“ (Joh 8, 12) bezeichnet wird. Die Sonne gilt deswegen auch als ein Symbol für Christus. Die Ostung führt dazu, dass die ersten Strahlen der aufgehenden Sonne über ein Fenster der Apsis in den Kirchenraum fallen können. Von Osten erwartete man nach christlicher Tradition auch das Wiederkommen des Christus: „ex oriente lux“ (Beigbeder 1998, 299). Jedoch sind viele mittelalterliche Kirchen nicht nach dem exakten geographischen Osten orientiert. Die Ost-Ausrichtung entspricht oft der Richtung, an welcher die Sonne an dem Kirchentag des Schutzpatrons dieser Kirche am Horizont aufgeht (Beigbeder 1998, 299). Dass die Orientierung mittelalterlicher Kirchen nach ihrem Patrozinium durchaus üblich war, belegt neben anderen auch eine Arbeit, welche sich zudem mit den Möglichkeiten mittelalterlicher Messmethoden und den mathematischen Grundlagen beschäftigt (Eckstein, Büll und Hörnig 1995, passim). Zur Ostung der Pfalzkapelle Wimpfen – und damit auch des Palastgebäudes, das in einer Linie mit der Kapelle gebaut wurde – darf in diesem Zusammenhang ein bedeutungstragender Aspekt hinzugefügt werden: Otto Scriba beschreibt zur Orientierung der Kapelle, dass sie um 10° nach Süden abweiche (siehe auch Lageplan, Abb. 1) Diese Achsabweichung decke sich mit dem Sonnenaufgang am 6.Dezember, dem Nikolaustag, was gemäß dem Patrozinium erwartet werden könnte (Scriba 1924, 58). Scriba ließ entsprechend seiner Veröffentlichung die Messungen von befreundeten Mathematikern durchführen, Berechnungsdaten fehlen jedoch. Martin Kieß, der über Jahre mit einer Arbeitsgruppe des Ludwig-Uhland-Gymnasiums Kirchheim/Teck mittelalterliche Kirchen auf ihre Ostung vermaß, führte 2009/2010 auch Berechnungen zur Pfalzkapelle Wimpfen durch. Selbstverständlich muss dabei die Ablösung des

Julianischen durch der Gregorianischen Kalender berücksichtigt werden. An 150 bisher vermessenen Kirchen dieser Arbeitsgruppe ergab sich, dass nur in zehn Prozent die Baulinie auf den Tag des jeweiligen Kirchenpatrons verwies, die meisten Orientierungen verwiesen auf andere wichtige Heilige (Kostner 2010). Außerdem geht Kieß nach seinen bisherigen Ergebnissen davon aus, dass nicht die *zu berechnende* Ostung entscheidend für die Baulinien waren, sondern der Sonnenaufgang entsprechend der topographischen Lage: umgebende Hügel etc. lassen den Sonnenaufgang einer bestimmten Kirchenlage entsprechend zeitlich verspätet erscheinen. Das relativiert einerseits die Messtechniken, welche Eckstein et al. 1995 vorlegen, ist andererseits aber nachvollziehbarer: Die Mess- und Berechnungsmöglichkeiten zur Feststellung des geographischen Ostens oder des geographischen Sonnenaufgangs eines bestimmten Kirchentages waren sicher nicht zu jeder Zeit an jedem Ort gegeben, außerdem wird mit dem topographischen Vorgehen der Sonnenaufgang an dem jeweiligen Tag sinnlich für Menschen in der jeweiligen Kirche nachvollziehbar. Die Messungen der Arbeitsgruppe um Kieß ergaben die Orientierung der Pfalzkapelle Wimpfen auf den 22. Februar. Dieser Tag wird im Kirchenkalender der römisch-katholischen Kirche als *Kathedra Petri* bezeichnet und feiert die Berufung des Apostels Petrus zum Lehramt auf dem römischen Bischofsstuhl. Als dessen Nachfolger werden die Päpste in einer ununterbrochenen apostolischen Sukzession angesehen (Franzen 2006, 109 f.). Die Bauzeit während der Exkommunikation Barbarossas, in welcher die Besetzung des Heiligen Stuhls für Friedrich I. eine entscheidende Bedeutung hatte, findet so ein Korrelat in der Baulinie. Dass die Baulinie für den Betrachter nur in Ausnahmesituationen sichtbar ist (vom westlichen Wehrturm aus – dem heutigen Blauen Turm – wäre sie am

22. Februar wahrnehmbar gewesen), spielt gemäß der mittelalterlichen Philosophie und Ästhetik keine Rolle. Wie oben ausführlich dargelegt, liegt eine Wahrheit hinter der oberflächlichen Wahrnehmung der Sinne. Es „erscheint die Dialektik zwischen Idee und Wirklichkeit als Dialektik zwischen dem Ding und seiner Essenz“ (Eco 1993, 129). An der Kathedrale in Reims beispielsweise gibt es hoch oben an den Strebepfeilern höchst ausgearbeitete Königsfiguren, die für Betrachter in ihrer Feinheit nicht annähernd wahrgenommen werden können, die fertige Leistung war nur „für das Auge Gottes“ (Pinder 1992, 53) sichtbar[26]. In dieser – aus unserer Perspektive – vorwissenschaftlichen Glaubenswelt wirkten Artefakte in ihrem reinen Da-Sein, wie auch in der zugeschriebenen Dämonen-abwehrenden Kraft der Knotensäulen abzulesen ist. Sollte die Orientierung der Pfalzkapelle und somit auch des Palastes auf *Petri Stuhlfeier* auf eine bewusste Entscheidung Friedrichs I. zurückzuführen sein, so bleibt für uns die dahinterstehende Vorstellung spekulativ. Eine Zufälligkeit der Orientierung erscheint im Zusammenhang zum historischen Kontext jedoch zumindest fragwürdig.

[26] Für diesen Hinweis zum Phänomen der „Unlesbarkeit“ und für weitere Anregungen zur Rezeptionsästhetik in der Kunstgeschichte danke ich Tobias Frese vom Institut für Europäische Kunstgeschichte der Universität Heidelberg.

7. Zusammenfassung und kritische Bewertung

Die auffällige Zahlenrhythmik der Pfalzkapellenfenster und der Arkadenreihung des Wimpfener Königspalastes, die ebenso auffällige Säulenordnung und die Ostung dieser Gebäudestrukturen wurden in der vorliegenden Arbeit als Bedeutungsträger herausgearbeitet. Der historische und soziokulturelle Kontext diente als Ausgangspunkt, wobei philosophische, theologische und ästhetische Denkmuster zur Zeit des Baues eine zentrale Rolle zur Interpretation lieferten. Die Literatur zu mittelalterlichen Bauwerken als Bedeutungsträger wurde legitimierend herangezogen. Der Theorierahmen der Semiotik wurde als analytische Methode eingesetzt. Die Semiotik Saussures betont, dass die Bedeutung eines Zeichens nicht in sich selbst ruht, sondern erst aus der Differenz und Gegenüberstellung zu anderen kontextuellen Zeichen auf einer horizontalen Ebene erschlossen werden kann. Sowohl Architekturen wie auch Statuen, Reliefs und Ornamente des Hochmittelalters können semiotisch dann als ein Narrativ *gelesen* werden:

> Es gilt, diese Bildwerke lesen zu lernen. Zum Lesen dieser Bilder gelangt man, wenn, wie in der Literatur, zunächst die Buchstaben, dann die Wörter und endlich ganze Sätze erlernt und verstanden werden [...] Wenn man diese Bilder zu lesen versteht, gibt das Mittelalter dem Betrachter aus einer anderen Perspektive völlig neue Einblicke in seine Lebenswelten (Metternich 2008, 9).

Zum historischen soziokulturellen Rahmen darf noch ein weiteres, die These stützendes Argument beigetragen werden: Im Jahr 1999 hat die Deutsche Forschungsgesellschaft (DFG) an der Universität Münster ein Graduiertenkolleg zum Thema „Gesellschaftliche Symbolik im Mittelalter“

bewilligt (Westfälische Wilhelms-Universität Münster 2000).[27] Im Bewusstsein der rezenten Problematik in Kommunikationsprozessen mit anderen kulturellen Gesellschaftssystemen wird das Mittelalter als Paradigma herangezogen:

> Dabei machte die Pluralität der Kulturen schon früh das Verständnis- und Übersetzungsproblem virulent und ließ eine Bewußtheit [sic!] im Umgang mit formalisierter Kommunikation und eine Sensibilität für die Lesbarkeit der Zeichen entstehen, die in einfacheren, homogenen Gesellschaften nicht vonnöten war. Zugleich wurden durch das aus der jüdisch-patristischen Bibelexegese entwickelte System allegorischer Deutung von Welt, Mensch, Geschichte und Gesellschaft alle Lebensbereiche mit transzendenter Signifikanz imprägniert, die den Symbolen eine ontologische Dignität verlieh (Westfälische Wilhelms-Universität Münster 2000).

Allein aus diesem Forschungsprojekt, das von der DFG bis 2005 verlängert wurde, kann abgeleitet werden, welche Bedeutung dem Lesen von überregional rezipierten Symbolen auch heute zugeschrieben werden muss. Und gerade der heutige Mensch wird von *Symbolen* in Form von *icons* geradezu überschwemmt: Von Verkehrszeichen über Toilettenhinweise und Warnungen vor Gefahren durch giftige Substanzen bis zu den *icons* in der digitalen Welt.

Kritisch zu meiner These muss klar formuliert werden, dass Belege für diese Lesart der analysierten Baustrukturen aus dem historischen Kontext nicht vorliegen. Günther Binding wurde schon zitiert mit seiner Kritik, die Allegorese könnte auch nachträglich in die Bauwerke als Bedeutung

---

[27] Siehe URL in der Literatur unter *Westfälische Wilhelms-Universität Münster 2000.*

hineingelesen werden (Binding 1998, 382 f.). Ein Argument gegen diese Kritik wurde jedoch sowohl von Umberto Eco als auch von Günther Bandmann schon erwähnt: Die mittelalterliche Ästhetik ist uns zunächst fremd, aber wir können und dürfen die Baukunst der Vergangenheit nicht unter einer rezenten Ästhetik analysieren (Bandmann 1998, 24).

Meines Erachtens ist die in dieser Arbeit vorgestellte Interpretation aus den genannten Auffälligkeiten heraus und aus dem entsprechenden Kontext stark plausibel. Der charakteristischste Aspekt mittelalterlicher ästhetischer Sensibilisierung war gemäß Eco die symbolisch-allegorische Weltbetrachtung, ein Streben nach Deutung (Eco 1993, 79-83). Gemäß Bandmann liegt ein „Allegorisierungsdrang" vor, Bauwerke in ihrem Bedeutungsgehalt zu verstehen (Bandmann 1998, 25). Aber selbst unter der Annahme, all die empirisch fassbaren Zahlenstrukturen und Formen, welche in dieser Arbeit beschrieben sind, seien ein Zufallsprodukt, sind wir im kontextorientierten *Versuch einer Deutung* näher am Denken und Leben des mittelalterlichen Menschen als mit reinen dokumentierbaren historischen Fakten.

8. Literatur

Arens Fritz (1967): Die Königspfalz Wimpfen, Deutscher Verlag für Kunstwissenschaft GmbH, Berlin.

Arens Fritz und Bührlen Reinhold (1980): Wimpfen: Geschichte und Kunstdenkmäler, Selbstverlag des Vereins Alt-Wimpfen, Bad Wimpfen.

Arens Fritz (1982): Wimpfen als neuer Mittelpunkt der staufischen Macht am unteren Neckar, in: Regia Wimpina: Beiträge zur Wimpfener Geschichte, Verein „Alt Wimpfen" (Hrsg.), S. 39-56, Selbstverlag des Vereins Alt-Wimpfen, Bad Wimpfen.

Aster Ernst von (1968): Geschichte der Philosophie, Kröner, Stuttgart.

Bandmann Günter (1998): Mittelalterliche Architektur als Bedeutungsträger, Gebrüder Mann, Berlin.

Beigbeder Oliver (1998): Lexikon der Symbole: Schlüsselbegriffe zur Bildwelt der romanischen Kunst, Echter, Würzburg.

Binding Günther (1993): Baubetrieb im Mittelalter, Wissenschaftliche Buchgesellschaft, Darmstadt.

Binding Günther (1996): Deutsche Königspfalzen von Karl dem Grossen bis Friedrich II. (765-1240), Wissenschaftliche Buchgesellschaft, Darmstadt.

Binding Günther (1998): Der früh- und hochmittelalterliche Bauherr als sapiens architectus, Wissenschaftliche Buchgesellschaft, Darmstadt.

Bookmann Hartmut (1998): Stauferzeit und spätes Mittelalter: Deutschland 1125-1517, Siedler, Berlin.

Borst Otto (1983): Alltagsleben im Mittelalter, Insel, Frankfurt am Main.

Cancik Hubert und Mohr Hubert (1988): Religionsästhetik, in: Hubert Cancik et al. (Hrsg.): Handbuch religionswissenschaftlicher Grundbegriffe, Kohlhammer, Stuttgart, S. 121-156.

Chandler Daniel (2007). *Semiotics: The Basics.* Routledge. London, New York.

Die Bibel (1999): Nach der Übersetzung Martin Luthers, Mit Apokryphen, Deutsche Bibelgesellschaft (Hrsg.), Stuttgart.

Diemer Alwin (1970): Ontologie, in: Alwin Diemer und Ivo Frenzel: Philosophie, Fischer Bücherei, Frankfurt am Main/Hamburg, S. 209-240.

Dollmann Jürgen (2021): Spirituelle Diskurse und Performanzen in deutschen Ayurveda-Einrichtungen: Transdisziplinäre, integrative Analyse eines „ganzheitlichen" Therapieverfahrens, Online-Ressource, Heidelberg. URL: https://archiv.ub.uni-heidelberg.de/volltextserver/30648/ (aufgerufen am 23.08.2022).

Eckstein Rudolf, Büll Franziskus, Hörnig Dieter (1995): Die Ostung mittelalterlicher Klosterkirchen des Benediktiner- und Zisterzienserordens, in: Studien und Mitteilungen zur Geschichte des Benediktinerordens und seiner Zweige, Bd. 106, Heft 1, 1995, EOS, ST Ottilien, S. 7-78.

Eco Umberto (1993): Kunst und Schönheit im Mittelalter, 6.Auflage 2004, Deutscher Taschenbuch Verlag GmbH & Co, München.

Elberfelder Studienbibel mit Sprachschlüssel (2005), Textstand Nr. 21, 1.Auflage 2005, Brockhaus, Wuppertal.

Franzen August (2006): Kleine Kirchengeschichte, Herder, Freiburg im Breisgau.

Friedrich Schiller Archiv (2022): Punschlied, URL: https://www.friedrich-schiller-archiv.de/gedichte-schillers/kurze-gedichte/punschlied/ (aufgerufen am 06.08.2022).

Gadamer Hans-Georg (1965): Philosophisches Lesebuch, Fischer, Frankfurt am Main und Frankfurt.

Görich Knut (2006): Die Staufer, Herrscher und Reich, München.

Haberhauer Günther (2008): Die Staufer und ihre Pfalz zu Wimpfen, Verein „Alt Wimpfen" e.V. (Hrsg.), Bad Wimpfen.

Haberhauer Günther, und Hartmann Hans-Heinz (2009): Neue archäologische Erkenntnisse zur Baugeschichte der Königspfalz Wimpfen, in: Kraichgau: Beiträge zur Landschafts- und Heimatforschung Folge 21, Heimatverein Kraichgau (Hrsg.), S. 17-33, Eigenverlag des Heimatvereins Kraichgau, Eppingen.

Hall Stuart (2011): The Work of Representation. In Stuart Hall (Hrsg.): Representation: Cultural Representations and Signifying Practices, S.13-74), SAGE, London et al.

Heieck Mechthild (1998, Hrsg./Übers.): Hildegard von Bingen: Das Buch vom Wirken Gottes, Liber divinorum operum, Pattloch, Augsburg.

Heinz-Mohr Gerd (1971): Lexikon der Symbole: Bilder und Zeichen der christlichen Kunst, Eugen Dietrichs, Köln.

Knoch Peter (1983): Die Errichtung der Pfalz Wimpfen – Überlegungen zum Stand der Forschung, in: Landesdenkmalamt Baden-Württemberg (Hrsg.): Forschungen und Berichte der Archäologie des Mittelalters in Baden-Württemberg, Band 8, Stuttgart, 343-367).

Kostner Claudia (2010): Die Heiligen und der Sonnenaufgang, in: Heilbronner Stimme, Jahrgang 65 Nr. 186, 14. August 2010, Heilbronner Stimme GmbH & Co KG, Heilbronn, S. 38.

Kottmann Albrecht (1971): Das Geheimnis romanischer Bauten, Hoffmann, Stuttgart.

Metternich Wolfgang (2008): Bildhauerkunst des Mittelalters: Botschaften in Stein, Wissenschaftliche Buchgesellschaft, Darmstadt.

Münker Stefan und Roesler Alexander (2000): Poststrukturalismus, Metzler, Weimar.

Onasch Konrad (1981): Liturgie und Kunst der Ostkirche in Stichworten: unter Berücksichtigung der Alten Kirche, Koehler & Amelang, Leipzig.

Papineau David (2006): Philosophie: Eine illustrierte Reise durch das Denken, Nikolaus de Palézieux (Übers.), Wissenschaftliche Buchgesellschaft, Darmstadt.

Pernoud Régine (1996): Hildegard von Bingen: Ihre Welt – Ihr Wirken – Ihre Vision, Herder, Freiburg im Breisgau.

Pinder Wilhelm (1992): Die Anerkennung des Betrachters, in: Wolfgang Kemp (Hrsg.): Der Betrachter im Bild. Kunstwissenschaft und Rezeptionsästhetik, Reimer, Berlin, S. 51-59.

Poeschel Sabine (2007). Handbuch der Ikonographie: Sakrale und profane Themen der bildenden Kunst, Wissenschaftliche Buchgesellschaft, Darmstadt.

Sachs Hannelore, Badstüber Ernst, Neumann Helga (1988): Christliche Ikonographie in Stichworten, Koehler & Amelang, Leipzig.

Schlag Gottfried (1940): Die deutschen Kaiserpfalzen, Klostermann, Frankfurt am Main.

Scriba Otto (1924): Wimpfen am Neckar: Bilder aus der Geschichte und Kunst, Salzer, Heilbronn.

Stürner Wolfgang (2009): Friedrich II. 1194-1250, Wissenschaftliche Buchgesellschaft, Darmstadt.

Westfälische Wilhelms-Universität Münster (2000): Jahresbericht 1999, URL: https://www.uni-muenster.de/Rektorat/jb99/jb9956.htm (aufgerufen am 23.08.2022).

FSC
www.fsc.org
MIX
Papier | Fördert gute Waldnutzung
FSC® C083411

Kolibri 360 GmbH
Ferdinand-Jühlke-Straße 7
99095 Erfurt, Deutschland
produktsicherheit@kolibri360.de

Druck:
CPI Druckdienstleistungen GmbH
im Auftrag der
Kolibri 360 GmbH
Ferdinand-Jühlke-Str. 7
99095 Erfurt